从无到有创造
我们的地球

[英] 斯科特·福布斯　著
燃点时光工作室　译

清華大学出版社
北　京

北京市版权局著作权合同登记号
图字：01-2024-1011

图书在版编目（CIP）数据

从无到有创造我们的地球 /（英）斯科特·福布斯著；燃点时光工作室译 .—北京：清华大学出版社，2024.7

书名原文：How to Make a Planet

ISBN 978-7-302-66058-3

Ⅰ. ①从…　Ⅱ. ①斯…　②燃…　Ⅲ. ①地球—青少年读物　Ⅳ. ① P183-49

中国国家版本馆 CIP 数据核字（2024）第 072327 号

责任编辑：陈凌云
封面设计：张鑫洋
责任校对：袁　芳
责任印制：沈　露

出版发行：清华大学出版社
网　　址：https://www.tup.com.cn，https://www.wqxuetang.com
地　　址：北京清华大学学研大厦 A 座　　邮　　编：100084
社 总 机：010-83470000　　邮　　购：010-62786544
投稿与读者服务：010-62776969，c-service@tup.tsinghua.edu.cn
质量反馈：010-62772015，zhiliang@tup.tsinghua.edu.cn
印 装 者：北京联兴盛业印刷股份有限公司
经　　销：全国新华书店
开　　本：195mm×250mm　　印　　张：4
版　　次：2024 年 9 月第 1 版　　印　　次：2024 年 9 月第 1 次印刷
定　　价：36.00 元

产品编号：099274-01

从无到有创造
我们的地球

如何从无到有创造一个地球呢？

目录

地球创造指南

序幕

你想创造一个地球吗？

好的！

要想理解复杂的或技术性比较强的东西，最好的办法是什么呢？拆分它，或者试着自己去做一做。为了帮助你了解所生活的这个世界，本书将向你展示如何创造一个星球，例如现在你脚下的这个星球。借助最新的科学实验、发现和推算方法，本书将准确地告诉你需要准备什么，以及如何将它们组合成一个地球。这个新造的地球将与你脚下的地球一样大小、一样迷人，适合人类生存，有海洋、陆地、植物、动物以及像你一样聪明、可爱的人类。

有些步骤可能很难在普通家庭的客厅里实现——好吧，其实是完全不可能，但无法做到的事情仍然是可以想象的。通过阅读本书，你不仅会发现地球——我们的家园是如何形成的，还可以了解很多关于它的有趣的事情，会开始意识到：作为宇宙的十亿（或更多）分之一，这是个多么不可思议的地方啊！

准备好了吗？出发！

大爆炸后的时间	发生了什么	距今年份
0		137亿年
1秒	微观粒子形成	137亿年
3 分钟	质子和中子开始成键	137亿年
20 分钟	质子和中子停止成键	137亿年
38万年	第一批原子形成，空间是透明的	136.9962亿年
2亿年	第一批恒星出现	135亿年
7亿年	第一批星系形成	130亿年

请耐心等待……

90亿年	行星系统形成	47亿年
91 亿年	岩石行星形成	46亿年
91.7亿年	行星的坚硬金属核心形成	45.3亿年
93.1亿年	坚硬的地壳形成	43.9亿年
94亿年	大气层形成，最初的生命形式出现	43亿年
95亿年	大量降雨创造了海洋	42亿年
97亿年	更厚的大陆地壳形成	40亿年
99亿年	熔岩流增加了地壳的厚度 少量彗星和流星撞击地球	38亿年
102亿年	能够产生氧气的生命形式出现	35亿年
113亿年	大气中的氧气含量增加，臭氧层形成	24亿年
127亿年	第一批多细胞生物出现	10亿年
132.6亿年	第一批动植物出现在陆地上	4.4亿年
133.5亿年	高含氧量让动物生长发育得更大	3.5亿年
135亿年	动物广泛分布于陆地上	2亿年
136.95亿年	类人猿开始进化	500万年
136.998亿年	人类（智人）出现	19.5万年
137亿年	我们今天所熟知的地球	今天

好极了！

创造一个地球，开启我们的生命之旅。这是一张记录地球形成过程的时间表，可以作为创造指南。

1

始于一次大爆炸

轰！

想要开个好头，你需要来一次爆炸。事实上，这是一次非常大的爆炸。这场爆炸炸得碎片四处飞溅，同时产生了巨大的力量，最终又将这些东西聚集起来。刚开始，宇宙很小，然后逐渐变大，大到你难以想象。而且它还要足够坚固，坚固到存续几十亿年不成问题——这样就有足够长的时间来创造你的星球了。

大约137亿年前，所有的能量和物质都被压缩成一个极小的、超热的点，即使用放大镜也很难看到它。除此之外，什么也没有——没有外层空间，也没有天空，一切都包含在这个小小的点中。哇！

压缩！

首先，你需要收集宇宙中所有的能量和物质——也就是宇宙中的一切——然后把它们压缩成一个比句号的千分之一还要小的点。没错，就是这句话末尾的句号。

不仅是地球，整个宇宙都是从那么小的点开始的。

任其变大！

突然，这个点开始以难以置信的速度变大。一瞬间，它就变成了一个葡萄大小，不一会儿又变到了1000米宽。不到1分钟，它就有数十亿千米宽了。从那以后，它就在不断地变大。今天，我们即使用地球上最强大的望远镜，也看不到宇宙的尽头，更别说抵达那里了。

光年

为了描述宇宙中遥远的距离，科学家们使用光年一词，这个词是指光——宇宙中最快的物质——在一年时间内传播的距离。

庞大的数

创造地球涉及一些相当大的数，所以你最好现在就开始了解它们。

- 10亿等于1000个一百万：1000000000（1后边加9个0）
- 1万亿等于1000000个一百万：1000000000000（1后边加12个0）

为了节省写这些0的时间，科学家们发明了一种快捷的计数方式，在10右上方加一个小一点的数来表示0的个数。100等于10^2，1万亿等于10^{12}，以此类推。明白了吧？好，我们可以继续了。

1光年相当于10万亿千米（即10000000000000千米），而我们的宇宙有数百亿光年那么宽。是的，宇宙实在太大了。

我们能看到的最远的天体是一个距离地球132亿光年的星系。

听！

你可能会问："地球和其他的一切都来自一个小点吗？有什么证据？"这是一个好问题。一个证据是，我们至今仍然可以"听到"宇宙大爆炸传来的声音。1964年，两位美国科学家，阿诺·彭齐亚斯(Arno Penzias)和罗伯特·威尔逊(Robert Wilson)在使用一台巨型无线电望远镜时，听到来自宇宙的持续不断的嘶嘶声和噼啪声。最终，彭齐亚斯和威尔逊意识到，他们所听到的声音是由大爆炸的热辐射引起的。也就是说，大爆炸仍在整个宇宙中传播——直到今天仍未停止。

遥远的太空！

另一个证据是，我们可以看到大爆炸的影响。科学家们通过巨型望远镜观察发现，离地球最远的星系(由数不清的恒星等组成)在不断地移动，而且离地球越来越远。这只有在宇宙不断向外膨胀的情况下才会发生。

聪明的你应该已经发现了一个现象：越遥远的天体年龄越大。迄今为止，人类观测到的最远的天体是一个132亿光年之外的星系。也就是说，它已经132亿岁了。它发出的光要用132亿年才能到达我们这里，所以，我们现在看到的是它5亿岁时的样子。太不可思议了！

猜想一下

宇宙会一直膨胀下去吗？许多科学家认为会。这可能意味着，恒星最终会因扩散得太多而耗尽能量，而宇宙中的所有生命也将随之消亡。不过不用担心!即使这种情况真的出现，那也将是在数十亿年后——也许是10^{33}年之后。

嘎吱！嘎吱！

还有一些科学家认为，在数十亿年后，当宇宙大到最大尺寸时，会开始坍塌、收缩、再收缩，直到它再次变成一个小点，这一假想被称为“大收缩”。然后可能再发生一次大爆炸，一切重新开始。

所以，继续挤压吧。把所有东西都压缩到合适的尺寸，然后就可以开始创造了！

2

计时开始

别眨眼！

宇宙大爆炸一发生，你就可以开始计时了。计时已经开始了，如果一切顺利，一些神奇的事情即将发生。千万别眨眼，否则你就会错过它们哦！

等一下！

在第一微秒内，被称为夸克的微小粒子呼啸而过，以惊人的速度相互碰撞。但随着宇宙不断往外膨胀，它开始冷却。而且，随着温度降低，哪怕只是稍微下降一点点，夸克也会放慢速度，每3个为一组结合在一起，形成新的粒子——质子和中子。

然后，在你的手表还没有发出1秒的嘀嗒声之前，许多其他的粒子已经出现，包括难以计数的微小电子。

1秒

大爆炸后1秒

- 宇宙已经有1千米宽了！
- 数十亿个快速移动的粒子。
- 超级热——哎呀！
- 一片漆黑——急需一个手电筒！

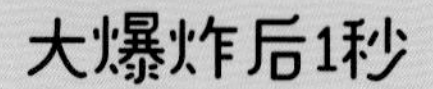

碰撞试验

你可能无法在客厅里重现宇宙大爆炸，但今天的科学家们正试图在研究中心用一种巨型机器进行现象模拟，这种机器被称为粒子加速器。其中最大的是在瑞士日内瓦附近的大型强子对撞机。它就像一个巨大的圆形管道，占据了一条90米深、27千米长的地下隧道。它以极快的速度将质子聚合在一起，试图让它们在碰撞中分裂成夸克，从而揭示出宇宙大爆炸时的更多情形。

嘿，你知道温度实际上是衡量粒子运动速度的一个指标吗？当气体膨胀时，粒子的速度会减慢，气体温度随之下降。这就是大爆炸后宇宙的情形！

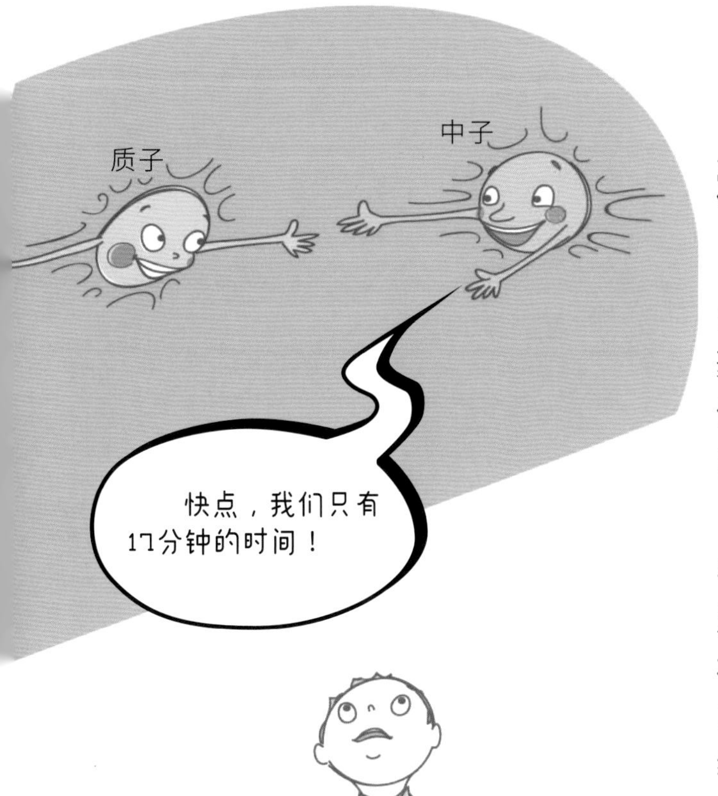

粒子配对

3分钟内，当温度降至10亿摄氏度时，质子和中子将减速并开始聚合，这一过程称为核聚变。随后便形成了由4个质子和4个中子组成的微小团块。

不过，它们需要快点才行！科学家们发现，在宇宙大爆炸期间，质子和中子只有17分钟的时间来互相配对。17分钟后，温度会下降到10亿摄氏度以下，核聚变便无法继续进行了。

发生了什么？

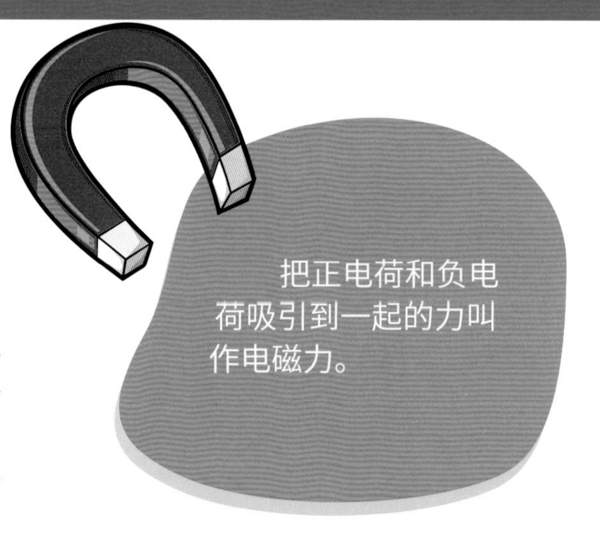

20分钟后，会有一些质子和中子已经结合，但大多数仍会独自飞行。一个质子或一组质子和中子结合后形成原子核，原子核是所有物质的基础。有一种叫作氢的物质，它的原子核只有1个质子。此时，宇宙中约3/4的物质都是由氢原子核构成的。

宇宙中的其余部分几乎都是氦原子核，每个氦原子核由2个质子和2个中子组成。然而，也会有少量的另一种形式的氢——氘（1个质子和1个中子），以及微量的锂（3个质子和3个中子）和铍（4个质子和4个中子）。

就这些！大量盘旋的物质夹杂着无数的中子和更小的电子，这便是你在相当长的一段时间里（大约38万年）所能拥有的一切。是的，这听起来很漫长，但对于地球的形成时间来说，这只是一眨眼的工夫。所以，坚持住哦！

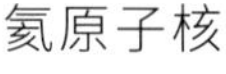

20分钟

大爆炸后20分钟

- 哇，宇宙现在已有数万亿千米宽了——主要由氢原子核和氦原子核组成。
- 无数的电子在周围旋转。

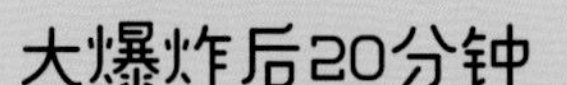

氦原子

制造一些原子

大约38万年后，一切将稍微平稳些，温度会下降到温暖的2760摄氏度，粒子会进一步减速。这将使电子开始与原子核中的质子结合。电子带微量负电荷，质子带微量正电荷，中子不带电荷。当电子与质子结合在一起时，就会产生一个非常重要、值得我们放鞭炮庆祝的结果——原子形成了。

你可能会说，这有什么值得兴奋的？要知道，原子可是一切事物的基本组成部分，所以这是一个至关重要的时刻。如果你已经做到了这一步，好好表扬一下自己吧！

不显电性

在原子的内部，原子核位于中心，电子围绕原子核旋转。因为带负电荷的电子和带正电荷的质子之间相互吸引，所以电子会被固定在适当的位置，不会再乱跑。通常情况下，电子的数量与质子的数量相同，正负电荷相互抵消，因此原子是不带电的。

名列前茅

原子中的质子数决定了它所形成的元素类型，这就是它的原子序数。例如，氢有1个质子，氦有2个质子，锂有3个质子，等等。元素周期表——在大多数学校科学教室的墙上都有——是一张按原子序数排列了所有已知元素的表格。在表中，氢位居第一，氦排第二，锂排第三，以此类推。

基本的

最简单的物质只由一种原子组成，叫作元素。此时，宇宙中只包含四种元素——氢、氦、锂和铍，其中氢仍然占所有物质的3/4，剩下的大部分是氦。

但是，质子、中子和电子并不局限于简单的结合，它们会尝试更复杂的结合方式，创造出更多有趣的元素，包括重要的气体：氧气和氮气；金属：金和铁；非金属：硫和氯。

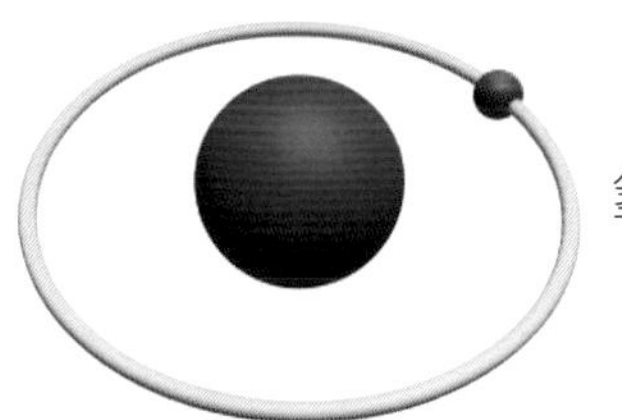

骤变

你还觉得原子没什么特别的吗？瞧瞧它们有什么本领吧！当然，你根本看不到它们，因为它们太小了。你需要给它们一些时间来真正施展本领。多久？至少2亿年吧！现在你有足够的时间抬头看看风景，因为眼前的景象马上就会大变样了。

要有光

在骤变之前，所有这些带电粒子，尤其是带负电荷的电子，一直阻挡着光粒子（也就是光子）的运动。因此，宇宙是不透明的——这意味着你无法透过它看清任何东西。

而现在，正电荷和负电荷在原子中结合，光粒子就可以发挥它的作用了。它可以在这里，也可以在那里，它可以在任何地方随意转动。因此，宇宙一下子变得透明了，一切都变得更加清晰。这看起来没什么大不了的，不过是在一片昏暗的宇宙中有一些微弱的光均匀地照进来而已。但是，至少你能看到有光在那里啦！

如此之小

科学家们用科学符号来表示巨大的数，同时也可以用这种方法来表示很小的数。例如，0.0001mm可以写成10^{-4}mm——4代表小数点后的位数。所以，10^{-20}和0.00000000000000000001是一样的，但前者写起来却简洁方便多了。原子的大小约为10^{-12}m。究竟有多小呢？想象一下，几百万个原子加起来才只有针尖那么大。

38万年

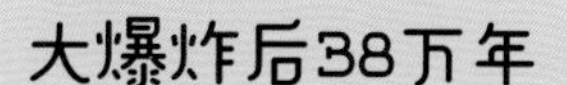

大爆炸后38万年

- 第一批元素形成了，太酷了！
- 宇宙变得透明了。
- 如果仔细观察，你会看到一张微弱的光网。

3

群星闪烁

变亮了

在数百万年的时间内，你将一直注视着这个模糊不清、气体弥漫的宇宙，心里想着会不会发生些什么。但如果仔细观察，你会察觉到：由于重力的作用，变化正在缓慢而真实地发生着。

重力是把不同的物体拉到一起的力，通常是小的物体被大的物体拉过去。就像你每次摔跤时，都会跌倒在地上一样！在你刚刚制造的宇宙中，密度较大的气体区域将逐渐形成。这些区域会产生比周围区域更强的重力，将周围的物质吸引过来。经过数百万年的时间，气体变得越来越厚，重力也将逐渐增大，吸引其他物质的速度也会越来越快。

旋转

这些区域内会出现更小、更密集的云层。大约在宇宙大爆炸发生2亿年之后，一些较小的云会逐渐塌缩并开始旋转，像水流进排水管一样——有点儿像旋涡。

当云层中心的原子被压在一起时，它们会移动得更快，温度也会随之飙升。一旦温度达到1800万摄氏度左右时，就会发生核反应，释放出巨大的能量。然后，云层中心会发出炽热的白光——嘿，转眼间！——一颗恒星诞生了。

2亿年

大爆炸后2亿年

- 到处都是浑浊的气体云 。
- 好极了！第一批恒星诞生了！

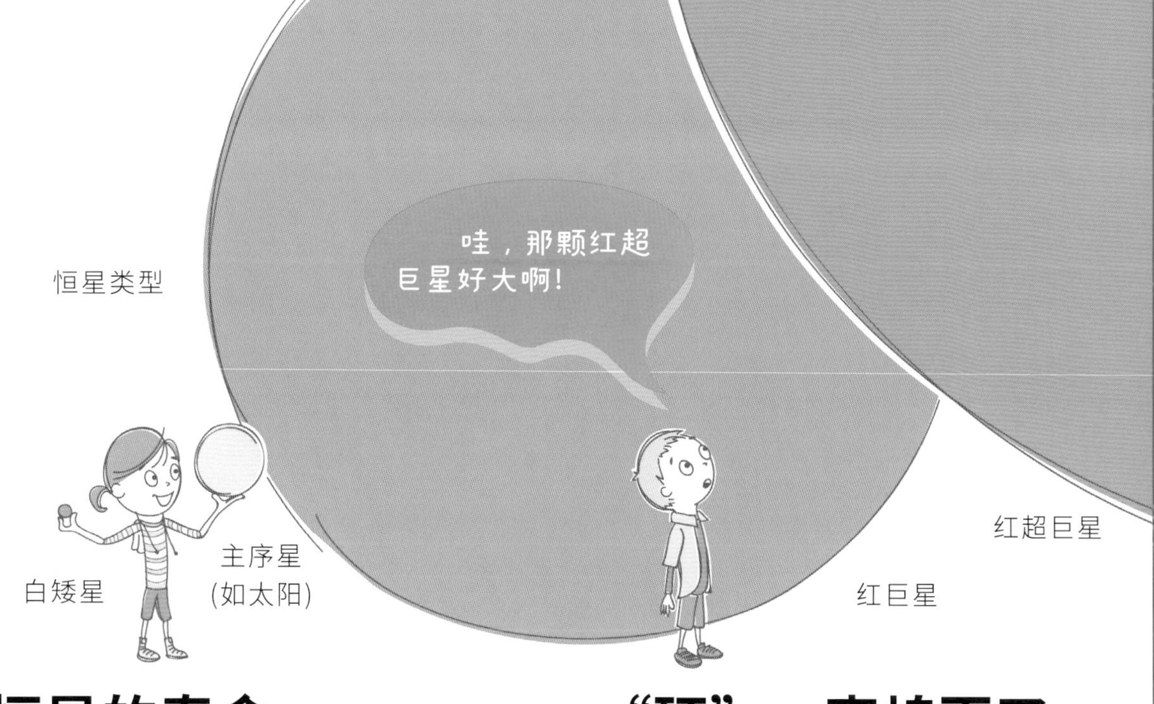

恒星的寿命

所有恒星都是这样形成的，但它们的大小、寿命各不相同。较大的恒星通常会更快地耗尽能量，因此寿命更短。

星云

产生恒星的云叫作星云。一片星云通常要经过4000万年的时间才能长成一颗真正的恒星，也就是我们所知的主序星。一颗主序星的最佳状态通常能维持100亿年左右。

“砰”一声熄灭了

当能量耗尽时，恒星体积会膨胀到原来的40倍，有规律地跳动并发出橘红色的光，此时我们称它为红巨星。如果它超级大，则称为红超巨星。几十亿年后，它释放出最外层的气体，形成另一种新的气体云，并留下一颗小小的冷却核心，我们称它为白矮星。它将在天空中停留数十亿年。

偶尔也会有一颗古老的恒星——通常是一颗超级大且能量非凡的恒星——会在一场剧烈的爆炸中终结生命，我们称之为超新星爆炸。

收集更多原料

所有这些旋转、发光、燃烧和爆炸都会产生一堆新的物质。其中一些物质将会对你制造新星球非常有用。

恒星的威力

在恒星形成产生的高温中，大量的质子、中子和电子聚集在一起，创造出新的元素：氧、碳、氖、铁、氮、硅、镁和硫。随着巨星的爆炸，更多的元素散落到宇宙中。其中一些元素将变成气体，另一些元素则会变成尘埃颗粒——宇宙中出现了第一颗固体微粒!

宇宙快照

一颗恒星的生命周期非常长，没有人能看到它形成的全部过程。但每时每刻都会有新的恒星形成，所以我们可以看到各个生命阶段的恒星。在著名的猎户座中，有三颗恒星被称为猎户座之剑——中间的那颗是一簇气体云，这是很多恒星诞生的地方。猎户座左肩上的红色恒星是一颗红超巨星，名为参宿四。

聚集

更神奇的是，不同种类的原子开始聚集，相互融合，从而形成新的结构，叫作分子。随着分子中原子不断组合出不同的结构，越来越多的新物质产生了。例如，当2个氢原子和1个氧原子组合在一起时——嗨，小伙伴们！——你得到了水。从此以后，一切皆有可能!

地球上有90多种自然元素，大多数是在恒星诞生或消亡时形成的！

看看你的恒星

你最熟悉的恒星是照亮你生活的那颗——太阳(是的，太阳也是一颗恒星)。太阳是一颗非常普通的主序星，直径约为139.2万千米，是地球直径的109倍以上。和所有的恒星一样，太阳以惊人的速度消耗着能量——大约每秒5.5亿吨氢气——但幸运的是，它有充足的能量储备。别担心，它还需要再过50亿年左右才会进入红巨星阶段。所以，放轻松吧！

比一比你的星系

那些恒星将一颗接一颗地照亮你的宇宙。很快，你就会看到一些气体云产生成百上千颗恒星，这些恒星组成的群落叫作星团。还有一些包含数百万甚至数十亿颗恒星的超大星云，称为星系。

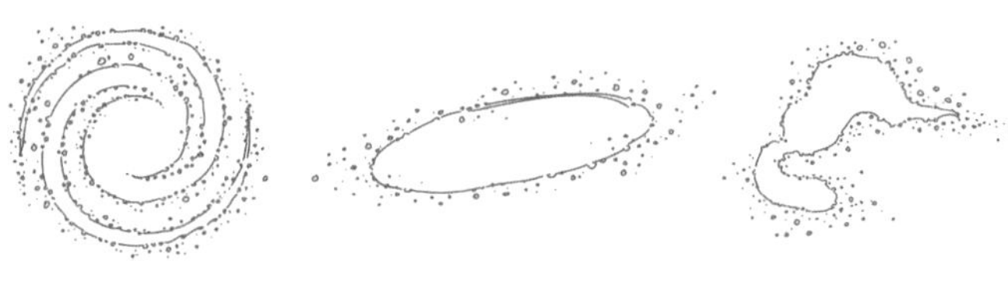

旋涡星系　　椭圆星系　　不规则星系

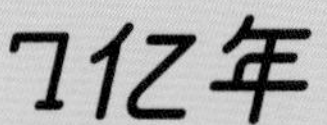

大爆炸后7亿年

- 恒星散布在整个宇宙中 。
- 看，第一批星系出现了!

转来转去

星系主要有三种形状：旋涡形、椭圆形和不规则形。旋涡星系就像在天空中旋转的大风车，通常在中心有一个凸起，周围有长长的螺旋臂，由气体和尘埃形成，新恒星就是在这里形成的。椭圆星系是球形或椭圆形的，其中大多是历经沧桑的恒星和少量形成新恒星的燃料。不规则星系通常很小，没有固定的形状。

银河系

在名为银河系的旋涡星系中，太阳是数千亿颗恒星中的一颗。在晴朗的夜晚仰望天空，可以隐约看到一条由恒星组成的银色星带，这就是银河系名字的由来。太阳并不在银河系的中心，而是在银河系的一条螺旋臂上，也就是猎户座旋臂上。

银河系相当大，直径约为10万光年。即便你乘坐美国航空航天局的“旅行者”号探测器，以每秒17千米的速度行驶，也需要17亿年的时间才能飞越银河系。哇，好远啊!

黑洞

大多数星系的中心都是一个黑洞，一个巨型的、密度极大的物质。它的吸引力非常强大，以至于任何靠近它的东西都会被吞掉，连光也逃不掉——即便光是宇宙中速度最快的物质。这就是黑洞之所以“黑”的原因——它连一点儿光亮都没有。

科学家们认为，任何靠近黑洞的物质都会被强行吸入并拉伸成细长的条状，然后被吞掉，这就是所谓的“意大利面化”。

该休息一下了

虽然所有恒星都在不停地运动，但距离你的地球开始成形可能还需要一段时间。多久呢？可能是几十亿年吧！好了，是时候休息一下了！

4

制造一些行星

睡醒了吗？

太棒了！当你还在打盹时，数十亿颗恒星和星系正在形成、发光、消失。现在，距离宇宙大爆炸大约过了90亿年，是时候开始好好研究一下这些恒星了。如果仔细观察，你可能会发现其中一些恒星被旋转圆盘所包围，而这个圆盘是由尘埃和气体组成的。看吧，这意味着将要有新的物质产生了。

搅拌尘埃

恒星周围的尘埃圆盘叫作恒星星云。这个不停旋转的物体内部一片混乱，无数颗固体粒子四处飞蹿、相互摩擦、猛烈撞击。

渐渐地，它们会黏在一起，变得越来越大，直到变成几千米宽的旋转石块，我们将这些石块叫作星子。几十万年后，一些星子又凝聚成更大的块状物，叫作原行星——也就是小行星。哇，多可爱啊！

忽冷忽热

在你的恒星附近形成的原行星往往有很高的温度，无法留住气体、水和冰。因此，它们和地球一样，主要由岩石组成。然而，在稍远一点儿的地方，可能会在小的岩石核周围形成较大的气体球。在离恒星更远的地方，星子和原行星基本由冰组成。啊！想想都冷得发抖。

90亿年

大爆炸后90亿年

- 巨大的尘埃云和其他物质的碎片正围绕着恒星旋转 。
- 你可以看到星子和原行星开始在云中形成 。

绕圈!

当一个完整的行星形成时，它们会进入恒星周围的轨道，朝着同一方向并在同一平面上转动。这有点像一个巨大的、缓慢移动的旋转木马!

嗖!

当恒星达到最大尺寸时，它会释放出一股能量，叫作恒星风。它会清除剩余的尘埃和气体，只留下干净整洁的行星围绕轨道运行，叫作行星系。不过，这股风可能会吹乱你酷炫的发型哦!

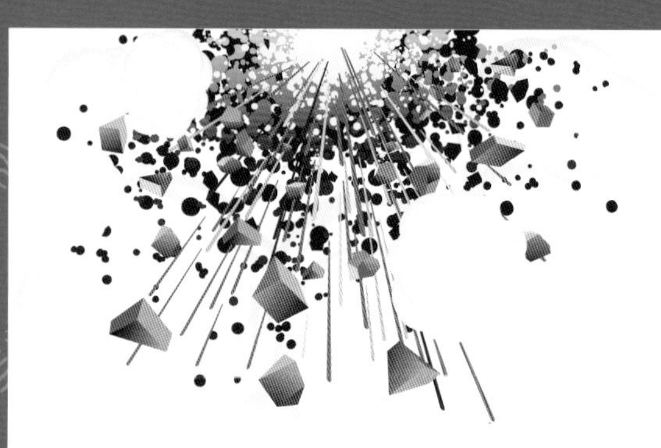

91亿年

大爆炸后91亿年

- 行星开始成形。
- 行星进入各自的轨道。

了解你的邻居

我们所在的行星系是太阳系，它在46亿年前的样子和现在差不多。岩石行星——水星、金星、地球和火星——占据了太阳附近的轨道。没有形成行星的碎片和岩石聚集在这4颗岩石行星外的小行星带中。小心哦！这些岩石或小行星之间的剧烈碰撞，有时会使它们飞出太阳系。

一年有多长？

行星绕着太阳转一圈，需要一年的时间。行星离太阳越远，轨道越长，一年的时间也就越长。地球绕太阳一圈的时间是365.25天，所以我们每年有365天，每四年中会有一年是366天（称为闰年）。水星是运行轨道最短的行星，一年的时长仅相当于地球上的88天——也就是说，你可以经常过生日。与此同时，在遥远的海王星上，一年几乎相当于地球上的165年。所以，如果你在那里，一辈子也过不了一次生日！

气态巨行星

在小行星带之外的广阔地带分布着气态行星——木星、土星、天王星和海王星。这些行星叫作“气态巨行星”，因为它们主要由气体构成，看上去比岩石行星大得多。每一颗气态巨行星都有一个小型的、密实的岩石核心。

嗨，冥王星！

冥王星

在更远的地方有一颗很小的冰块，名叫冥王星，看起来很像行星。1930年，天文学家发现了它，以为它是第9颗行星。但在2006年，天文学家认定冥王星还达不到行星的级别，它只是一个被碎片包围的矮行星。唉，可怜的冥王星！

奥尔特云

成千上万的冰星子在海王星轨道之外运行，形成一个巨大的带状区域，我们称它为柯伊伯带。在这之外，环绕着整个太阳系的是巨大的奥尔特云。云团里面充满了数万亿个大小不一的冰块，从不同的角度绕着太阳不停地旋转。你可能没听说过这个云团，但那里真的很热闹！

这些区域是彗星、冰块和尘埃起源的地方，它们有时会漂移到太阳系中。如果彗星靠近太阳，彗星里的冰就会被蒸发，同时释放尘埃，从而形成彗尾。所以，我们会看到彗星像一束拖着尾巴的亮光，划过天空。

计划一次旅行?

现在你已经找到了方向，是不是已经跃跃欲试，很想计划一次太空旅行了？不过，在你打包行李之前，最好先考虑一下这次旅行要走多远、要花费多长时间。

慢悠悠的客车

月球与地球的平均距离约为38.4万千米，这是宇航员迄今为止到达过的最远的地方。如果你乘车去那里，并保持在高速公路上行驶的稳定速度——每小时100千米，大约需要160天——5个多月才能到达那里，然后铺上毯子开始野餐。以同样的速度前往离我们最近的行星——金星，则需要40多年。金星与地球之间的最近距离约为3800万千米。

特快服务

当然，乘坐宇宙飞船会更快，宇航员只需3天就能到达月球。2005—2006年，无人驾驶的“金星快车”用了153天——大约5个月到达金星。还不错，时间不是很长。但是，如果你想去更远的地方，例如比太阳还远呢？

1977年发射的“旅行者1号”和“旅行者2号”无人驾驶探测器，每秒能飞行17千米左右。即便如此，它们还是花了约2年的时间才到达土星（14亿千米远），“旅行者2号”用了约12年的时间到达海王星（45亿千米远）。嗯，最好把土星之旅的暑假计划暂时延后。

如果你的目的地是恒星，那就别想了，直接打消这个念头吧！紧挨着太阳的恒星是半人马座的比邻星。它是一颗古老的、微小的、暗淡的恒星，距离地球大约4.22光年。这听起来没什么大不了的，但你知道那有多远吗？那是将近40万亿千米远，或者说是40万个1亿千米——4后面有13个0。来吧，试着写出这些0。

如果“旅行者2号”继续以目前的速度飞行，到达比邻星将会在……等会儿，让我算算……7.3万年之后！

一模一样

一直以来，天文学家们都在太空中寻找和太阳系相似的行星系统。他们已经发现了几百颗围绕其他恒星运行的行星，但是大多数行星是像木星一样的气态巨行星，而不是像地球一样的岩石行星。至于它们是否会像你所在的地球一样独特，还需要继续探索。

5

烘烤至完美

许多行星都有围绕其运行的天体——卫星，木星有92颗卫星！

91.6亿年

大爆炸后91.6亿年

- 我们的地球正围绕太阳运转。
- 地球仍在遭受着讨厌的星子和其他碎片的轰击。

选择一颗行星

大爆炸后90亿年左右，出现了很多围绕恒星旋转的行星。现在，你需要选择一颗行星作为自己的星球。当然要选择一个漂亮的、坚固的、舒适的星球了。请仔细挑选哦！

温度控制

我们常把地球叫作“金发姑娘星球”，因为它就像童话故事《金发姑娘和三只熊》中金发姑娘喜欢喝的粥一样。这种粥既不太烫，也不太冰。地球温度适宜，这一定程度上是因为它与太阳的距离恰到好处，既可以保持凉爽，又可以保持温暖。但这也要归功于我们唯一的天然卫星——月球为它降温。

摇摇晃晃

在大约45.4亿年前，地球像孩子一样活泼好动。它绕着太阳旋转，同时绕着自己的轴（一条穿过它中心的假想线）旋转。虽然现在仍然如此，但它当时在这个轴上摇摆得非常剧烈，像疯了一样转个不停。

哐！

此时的地球就像一个蹒跚学步的婴儿。一天，它突然撞向另一颗更小的行星，两颗行星的内核融合

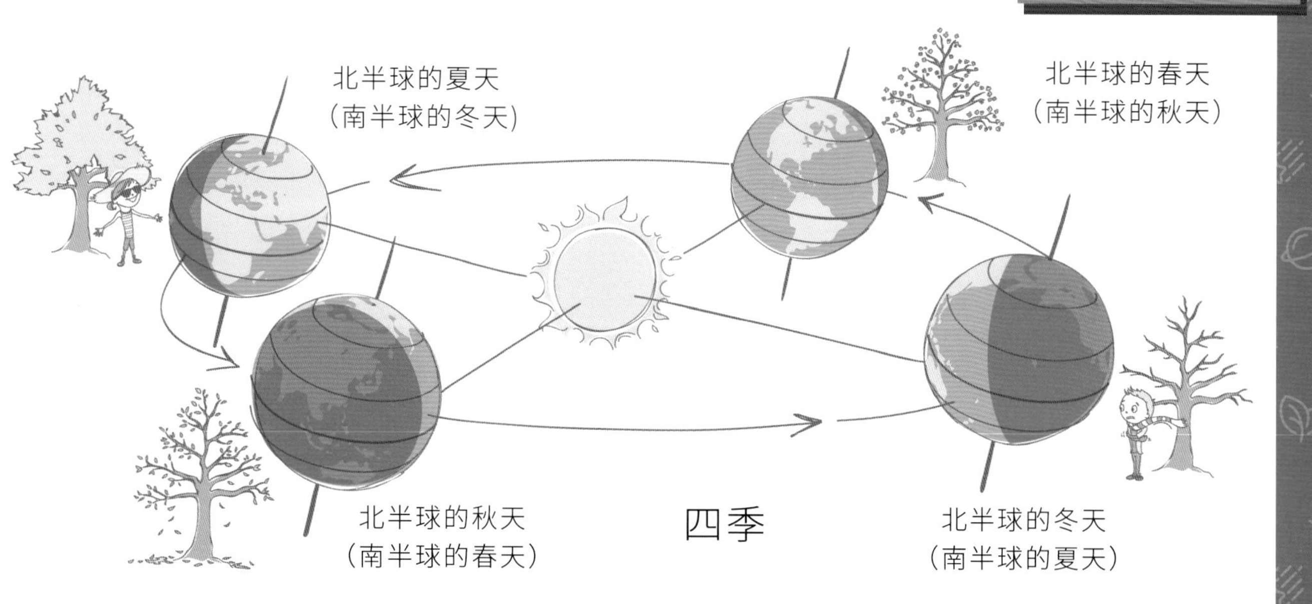

成一个大核。其他碎片脱落，开始围绕着刚刚变大的地球快速旋转，最终，它们黏在一起，形成了月球。月球围绕着我们的地球旋转，至今依然如此。

阳光明媚

当地球每24小时绕轴旋转一周时，你就从白天（地球面向太阳的一面）到了黑夜（地球背对太阳的一面，黑暗面）。地球和轴的倾斜创造了四季。在每年的年中，北极会向太阳倾斜，所以北半球比较温暖（夏天），而南半球比较寒冷（冬天）。到了年底，南北半球的季节则刚好相反。

引力

月球看上去好像没什么作用，对吗？月球上没有大气层，没有人类居住，也没有什么好玩的东西。尽管月球比地球小得多——大约是地球直径的1/4，但它的影响力仍不容小觑。它的引力不仅会引起海洋的潮汐，还能维持地球的稳定，保证地球转动时的倾斜角不超过1度。

如果没有月球，地球上的温度将会非常极端——在超高温和超低温之间转换，我们所知的生命可能根本不会出现。所以，下次当你仰望星空、看到月亮时，至少要向它点点头，表达一下感激之情。

加热

当你的地球成形时，它仍然会与岩石、流星和彗星剧烈碰撞，它的内部将被烧焦，大部分表面仍会是沸腾的熔岩。这种难以忍受的高温会持续很长一段时间。嘿，别抱怨——这正是你所需要的！

重金属

当地球内部的温度达到临界点时，较重的金属会下沉到中心，形成一个像金属球一样坚固的内核。这个超热的球会不停地旋转，并产生一个磁场。这会帮助地球打造一个辐射屏障，保护地球免受危险的宇宙射线的伤害。这真是太奇妙了！

令人愉快的灾难

早在地球形成1000万年时，内部就形成了一个铁核。由于这一事件如此巨大和轰动，科学家们悲观地称它为“铁灾难”。但是，开心点，这实际上是一件好事！

91.7亿年

大爆炸后91.7亿年

- 我们的地球现在已经有了一个坚固的金属内核。
- 内外超热。
- 表面翻滚着熔岩——哎哟！好烫！

太空保护层

地球磁场的存在使指南针的指针始终指向北极。这个磁场向太空延伸数千千米，使我们的星球免受有害的太阳风和辐射的侵害。如果这个保护层突然消失，太阳风将把地球上的大部分水卷入太空中，地球上的生命将没有生存的可能。哎呀，太可怕了！

放射性

我们星球内部的许多元素，比如铀，都是放射性物质，这意味着它们的原子核在分裂或衰变时会释放热量。这种“放射性”给地球内部提供了高达80%的热量，使地球内部非常温暖舒适。

可以凉快一点了

在接下来1.5亿年左右的时间里，随着更多的太空碎片与行星结合，碰撞将会减少，你的地球就会凉快一点点了。渐渐地，地球表面将形成一层硬壳。太棒了！

地下

岩石行星通常由一个核心、中间层和地壳组成。核心是由重金属组成的，分为固态的铁镍内核和液态的铁镍外核。中间层是由岩石组成的，叫作地幔。地幔分为坚硬的下地幔和柔软的上地幔。这些岩石主要由氧、硅、镁组成，同时混合了少量的铁、铝。地壳中也富含这些元素，此外还夹杂了其他成分，如钙、钠、钾和硫。

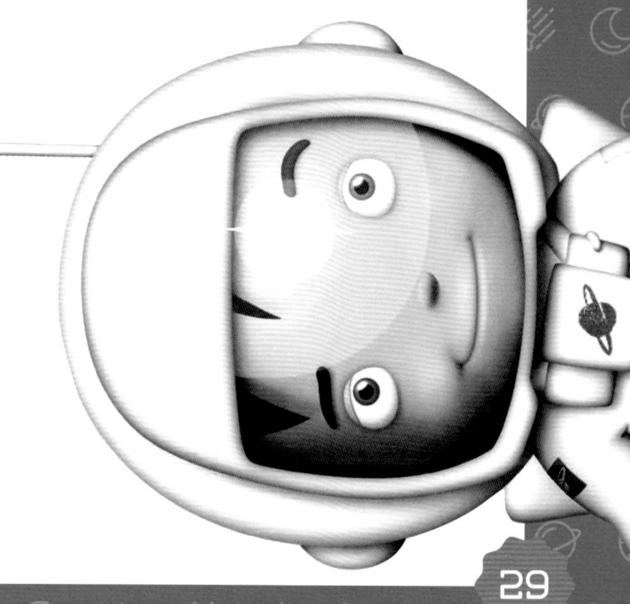

检测地壳

到现在这个阶段，你的地球应该已经非常坚固和厚重了。那现在的地壳怎么样了？还热吗？是薄还是厚呢？是很坚固了，还是局部有些脆弱呢？

薄薄的皮

从你现在站立的地方到地球中心大约有6400千米。但是，你脚下的地壳平均只有34千米厚。如果用水果打比方，你可能会把地壳想象成厚厚的西瓜皮，但实际上，它更像薄薄的苹果皮。

93.1亿年

大爆炸后93.1亿年

- 现在你的地球终于拥有了坚硬的外壳。
- 不过，地球里面还是非常热的！

挖穿它？

即使地壳非常薄，但也没有人能挖穿它。想试试吗？那就找个铲子，开始挖吧！一开始可能挖得轻而易举，但很快你就会碰到坚硬的岩石。你可以再试试用锤子或镐，不过你可能需要一个更大的家伙，比如大型凿岩机。

即使你设法向邻居借来了一台凿岩机，这仍然是一项非常艰难的工作。随着你越挖越深，你会感觉越来越热。仅仅挖到3.9千米深时，世界上最深的矿井——位于南非约翰内斯堡附近——温度便已经达到55℃，令人难以忍受。从那里开始，每下降1千米，温度就会上升22～30℃。哎呀！这可受不了！

探险地心？

假设你真能挖到地球的中心，并以每分钟0.3米的速度前进，那么你将需要大约40年才能到达那里。如果你驾驶汽车，以每小时100千米的速度不停地行驶，那么不到3天就能到了。

哎哟！

到目前为止，人们挖过最深的洞是在俄罗斯。钻探工作从20世纪70年代开始，到1992年时钻孔已深达12.3千米。在这个深度，温度已经达到了300℃，钻头都被熔化了，人们不得不停止工作。你能想象这个场景吗?

检测地心

既然没人穿透过地壳，我们又是如何知道那里的样子的呢？火山有时会将地幔中的岩石喷出来，科学家们只要将这些岩石拿到实验室中进行检测，就可以确定它们的成分了。

科学家们还研究了地震波在地球内部传播的情况。地震波是地震或由科学家自己引发的爆炸产生的冲击波，通过测量地震波的运行速度和反射情况，科学家们便可以弄清楚地心的物质类型了。

6

增加点气体

加水

随着地球逐渐升温，你很快就会看到气体从地壳的小洞里冒出来。现在你需要加些水，创造出所有生物都喜欢的温暖、湿润的环境。你说什么？你不喜欢这样的环境？

蒸汽

地球内部强大的热量将继续推动熔化的岩石，使其穿过薄薄的地壳上的孔洞，形成火山和更厚的地壳区域。同时，它还会喷出一团团的气体——嗯，就像是巨大的地球打了一个嗝。

对不起！

是的，打嗝。这听起来有点恶心，对吧？在43亿年前的地球上，当这些气体在我们的地球周围形成一片薄薄的层（我们现在称之为大气层）时，地球还不是一个适宜居住的地方。因为在当时的地球上，除了水蒸气外，就是大量的二氧化碳、甲烷和恶臭的氨气——这些对人类都是有害的，而且几乎没有氧气。更重要的是，地表温度超过100℃，这是远超出人类承受极限的温度。

94亿年

大爆炸后94亿年

- 一层薄薄的气体笼罩着我们的地球。
- 耶，太好了，我们拥有大气了！

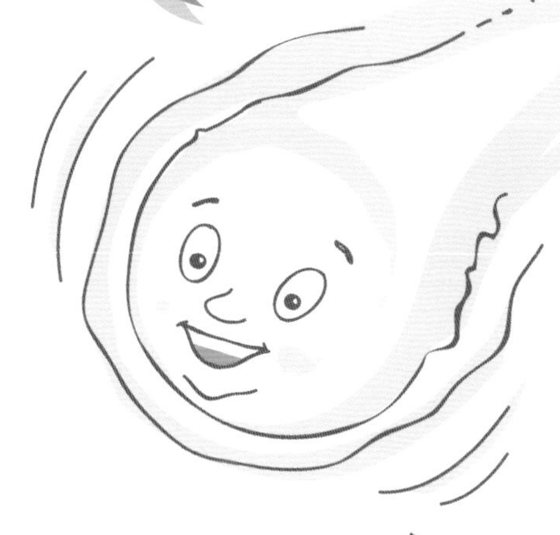

捕获热量

这些气体可能是致命且恶臭的，但有些气体却非常重要。水蒸气、二氧化碳和甲烷从传播到地球表面的太阳光中捕获热量，使地球保持温暖。这种温室效应至今仍发挥着重要作用。如果没有它，地球表面的平均温度将只有−18°C。哇，那会让我们冷得牙齿直打战！

扔点岩石

除了火山爆发，地球还会频繁地遭受彗星和陨石的撞击。你可能会觉得这太可怕了，但实际上也没有你想象中的那么糟糕。这些抛射物会给地球增添更多有用的东西。比如，在地球形成初期，冰彗星在坠落和熔化时为地球储备了大量的氧气和水分。当你把水倒在像地球那样灼热的东西上时，会发生什么呢？是的，水会变成蒸汽。

含水的彗星

2000年，天文学家观察到林尼尔彗星在接近太阳时熔化并破碎。他们估计这颗彗星携带了32亿千克的水——足以填满一个小小的湖泊！

27亿年前，大大的雨滴砸落在非洲南部的火山灰上，形成了许多微小的坑。至今，我们仍能在化石中看到这些坑的痕迹。

下雨了……

大约42亿年前的一天，地球上开始下雨了。这场雨下个不停，不是几天或几年，而是数千年里几乎各地都在下雨。太极端了！

……雨一直下

这场旷日持久的大雨让地球变得更加凉爽，地面上的水四处流淌。很快，电闪雷鸣，劈开山谷；大雨如注，湍急的水流沿着山谷倾泻而下。暴雨瓢泼的同时，彗星也持续地向地球倾注更多水分。地球持续降温，水蔓延到广阔的低洼地区，形成了最初的海洋。

下雨吧

是时候让热气腾腾的地球降降温了。随着温度的下降，大气中的水蒸气会形成一片片云层。很快，第一滴雨从天空中落下。终于，地球上出现了天气变化！

95亿年

大爆炸后95亿年

- 雨一直下，有点厌烦。
- 嘿，我觉得海洋正在形成！

……下个不停

你的地球很快变得非常潮湿，但是，仍然会有大量的热气从炽热的内部散发出来。再加上太阳的加热效应，这将导致一些水分蒸发（从液体变成水蒸气），形成更多的云，然后又会怎样呢？你猜对了，这会产生更多的雨。雨永远不会停止吗？

水循环

希望雨不要停止。因为这是重要的水循环过程，它带给了我们各种天气变化。水从海洋和湖泊中蒸发，上升到大气中形成水蒸气，然后凝结成微小的水滴，大量的小水滴再汇集成云。在气流的作用下，云层中的水滴相互碰撞，并融合形成更大的水滴。当这些水滴大到一定程度时，它们就会以雨滴的形式从天而降。雨水落入河流、湖泊和海洋，然后开始新一轮循环。

蓄水

你造出的海洋越大，水循环就越活跃。随着地表温度逐渐下降，海洋最终将成为地球上天气变化的主要驱动者。

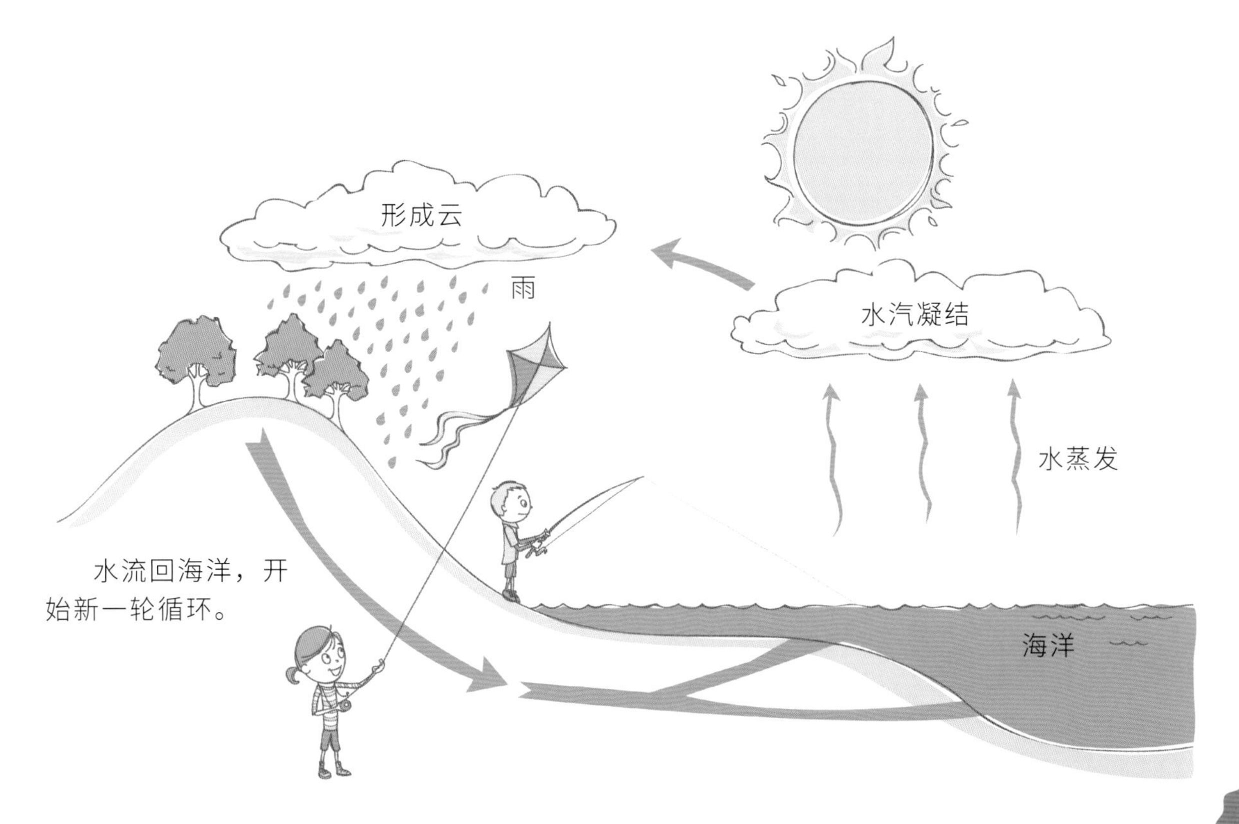

7 移动与变形

开裂

现在你已经拥有了一个漂亮且坚固的地球，它有着舒适、湿润的大气，有着坚硬但很薄的外壳。但这个外壳并不是静止的，对吧？它会不断地开裂，裂开后的碎片有些会被推得更高，有些则会沉入海底。不过，不要沮丧，拿出你的“胶水”和“透明胶带”，把开裂的部分“缝上”。

在你的新地球里有一个超级能量站。来自炽热地核的热量会使下地幔的温度高于上地幔，从而使滚烫的岩浆向上涌出。由于岩浆被地壳阻挡，所以又会向四周扩散。随着温度下降，它会再朝着地核的方向下沉，然后重新被加热，并再次上升。岩浆反复下沉和上升的过程叫作地幔对流。

地球板块的移动速度和指甲的生长速度差不多。

超大拼图

对流作用拉扯着地壳，将其分裂成多个大块，称为板块。这就是为什么地壳看起来像一幅拼图——一幅不会保持静止的拼图。对流作用使板块不断移动，并产生极为壮观的景象。

扩张

在热量上升的地方，地球的板块相互推搡，下面的岩浆从板块的裂缝中渗出，形成新的地壳。在海底的裂缝叫作洋中脊。在陆地上的裂缝叫作裂谷。

山脉

板块的一个边缘在与其他板块分离时，另一边可能又会与其他板块相撞。当板块发生碰撞时，会出现各种各样的情形。例如，两个厚厚的板块可能会相互挤压，向上推挤，最后堆积在一起，形成山脉。

火山带

当厚板块与薄板块相遇时，厚板块通常会压在薄板块上，将薄板块向下压入地幔。但是，厚板块的边缘容易发生弯曲和分裂，岩浆趁机通过裂缝涌出来，形成火山带。

相互摩擦

有时，板块不会迎面相撞，而是几个板块歪歪扭扭地碰撞在一起。当发生这种情况时，两个板块会以不同的速度向相反或相同的方向继续前行，而它们的边缘则会不停地相互摩擦。

97亿年

大爆炸后97亿年

- 整个地壳分裂成了几个大块。
- 有一些区域的地壳已经比较厚了。

哦，我知道了！这就是大陆！

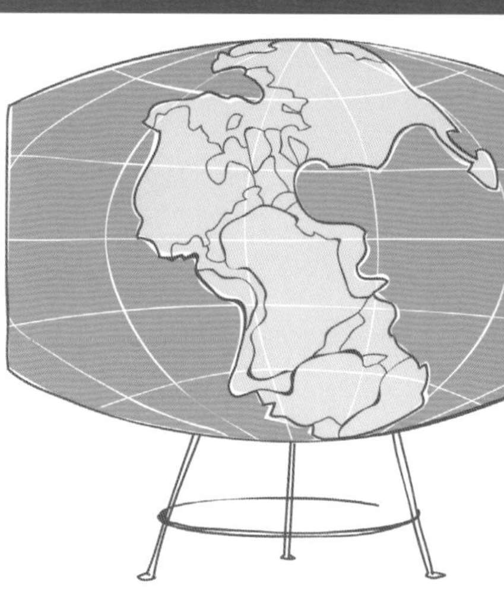

抓住漂移的板块

地壳的这些运动叫作板块构造或大陆漂移。地球形成后不久，这些板块就一直在重新排列，不断地改变形状、位置和数量。

超大陆

2亿年前，地球上所有的大陆都连接在一起，形成超级大陆，称为泛大陆。后来，它们逐渐分裂，四处漂移，形成了我们今天所看到的形状。也许在数百万年后，这些大陆看起来可能又和现在的样子完全不同了！

检查有无磨损

当这种移动和分裂开始之后，你会发现：变化不仅仅发生在板块边缘，而是发生在地壳的各个地方。山脉隆起之后，又会开始收缩；河流出现在大陆的中部；一块块土地滑下山谷，落入海洋。咦，这是怎么回事？

99亿年

大爆炸后99亿年

- 哇！巨大的熔岩流使地壳不断变厚。
- 彗星和流星正在减缓撞击地球的速度！

摇摇晃晃

当板块发生碰撞时，我们会感觉到一阵阵的晃动，这就是地震。地球上每天会发生大约8000次小地震——这些地震几乎无人能察觉到。但是，地球上每年也会发生约800次大地震，这些大地震撼动着我们的地球，可能会摧毁建筑物、桥梁和道路，甚至会夺去很多人的生命。

今天的大陆

随风雨而去

风会使岩石破裂，吹散碎屑；雨水会将岩石和泥土冲刷到河流或海洋中；海浪会冲击海岸，将岩石打成小碎块并冲入大海。这种破坏的过程被称为侵蚀。

破碎

现在，你的地球上的大气层可能看起来很轻薄、很松软，但是它能吞噬岩石、摧毁山脉。在刚刚形成的大气层中，化学反应会将雨水和地表水转化为酸性物质。这种酸性物质会侵蚀坚硬的岩石，剥去岩层，形成土壤、泥浆和沙子。与此同时，一些有规律的温度变化——昼夜更替、四季变幻等，也会导致岩石破碎，这种破坏的过程被称为风化。

翻滚的岩石

岩石、泥浆和沙子一旦掉落大海，就会沉入海底。经过数百万年的时间，这些沉积物会越堆越高，上层岩层不断挤压下层岩层，把下层岩石挤压成新的岩石。

新的岩石可能会留在海底，也可能被拖到地幔中，或者因为板块碰撞而被推到陆地上，然后接受大气的再次作用，这整个过程被称为岩石循环。

地球上发现的最古老的岩石来自加拿大，距今已有43亿年。

三种岩石

上述所有过程每天都在你周围进行着，并形成了三种岩石。那些在海底形成的岩石叫作沉积岩；喷发的岩浆在地球表面冷却后形成的岩石被称为火成岩；当火成岩或沉积岩沉入地幔时，它们可能会被炙烤和挤压，从而成为变质岩。

降温！

别担心这些破坏会伤害你的地球，因为这些破坏都是有益的。事实上，这些破坏不仅会促进优质土壤的形成和分布，还能创造出奇妙的景观供你欣赏：丘陵山脉、尖头礁石。当然，这需要确保水量供应充足和温度不断变化。

但是，如果你过度降温，那么地球的部分区域就会结冰。虽然经过调整，冰会逐渐融化；但是这需要经过很长一段时间，冰层也将留下它曾经存在过的痕迹。

冰期

众所周知，地球经历了几次严寒期，通常被称为冰期。当时大部分土地被冰原和冰川所覆盖。冰原磨平了大面积的岩石区域，而冰川凿出的U形深谷至今依然可以看到。

第一个冰期发生在大约24亿年前。最后一个冰期是从260万年前开始的，一直持续到现在。啊，你没注意到吗？极地的冰原和冰川便是很好的证据。虽然现在的气温非常舒适，但在大约2.1万年前，冰原覆盖着北欧、亚洲和北美的大部分地区，那时要比现在冷得多。

我们仍然生活在一个始于260万年前的冰期。

8

寻找生命迹象

海洋深处

你可能还没有注意到，在地球的潮湿大气中，生命的迹象已经开始出现。在宇宙大爆炸发生94亿年之后，在那些新形成的海洋深处的某个地方，最原始的生物可能已经形成了。

搅拌浓汤

这真是太神奇了！因为在很长一段时间里，海洋就像“一碗”深暗的、浑浊的、滚烫的、有毒的化学浓汤，人们很难想象会有什么东西可以在那里生存。

但从另一个角度来说，海洋又可以保护生命体免受地表危险，如彗星撞击、熔岩喷发及有害辐射的危险等。而且，位于海洋深处的大量原料还能创造出许多新的物质。所以，海洋中可能会有新东西正在酝酿。来吧，继续好好搅拌搅拌！

开个小头

现在的人们认为，早在43亿年前的地球上，海洋深处的化学反应便产生了第一批可以繁殖的分子。不久之后，第一种能够自我繁殖的生物就在地球上出现了。它们是由单细胞组成的细菌，就像一个个可以发生化学反应的微小包裹。这些细菌非常原始和简单，几乎看不见（即使是通过显微镜），但它们可是有生命的东西！

细胞是构成所有生命形式的基本单位，是携带和制造生物生存所需的化学物质的微小包裹。你的身体就是由数万亿个细胞组成的！

隐藏的世界

人们一直认为，海洋深处不可能有生命。直到20世纪70年代，科学家们的新发现改变了人们的看法。当时，科学家们开始探索深海热液喷口的结构，发现在热液喷口处有过热的、富含化学物质的水从地壳中涌出。他们发现，尽管这里缺少光照、奇热无比，而且有能杀死大多数其他生命形式的有毒化学物质，但各种生物群落仍能在这里繁衍生息。

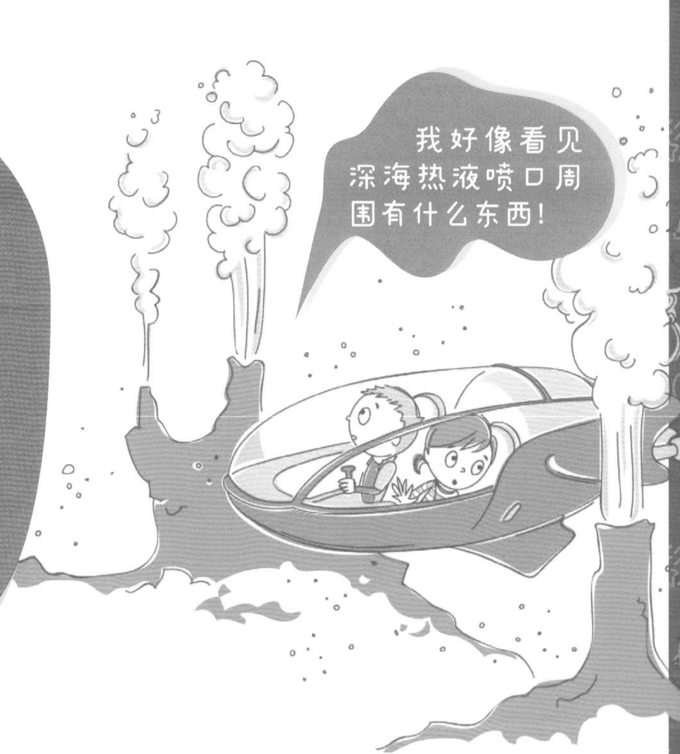

冒泡

在接下来的8亿年里，随着海水逐渐变凉，另一种单细胞生物将出现在海面附近，它的名字叫蓝细菌。如果一切按计划进行，这些微生物将开始做一些彻底改变地球的事情。它们会利用来自太阳的能量吸收二氧化碳，之后生成糖分子，并释放氧气（这是至关重要的一步）。蓝细菌的这个“小把戏”叫作光合作用。

我们可以通过两个证据来证明光合作用确实发生过：首先，人类发现了可以追溯到35亿年前的蓝细菌化石。其次，蓝细菌至今仍然存在，这是非常令人惊讶的。在西澳大利亚的鲨鱼湾等地，它们栖息在咸水湾，形成一团奇怪的圆顶状岩石结构，叫作叠层石。

102亿年

大爆炸后102亿年

- 好极了，地球终于凉爽了！
- 蓝细菌在海洋中忙着制造氧气。

涂抹防晒霜

光合作用的开始是一个真正神奇的时刻！从现在起，这个过程将缓慢而稳定地提高地球上的氧气水平。氧气以各种形式存在，几乎所有生物都需要氧气。

铁锈

不过，要想有足够的氧气供大家呼吸，还需要很长一段时间。最初，氧气会留在海洋和地面，创造出成千上万种新的矿物质，比如氧化物。有一种氧化物是在岩石上形成的，叫作氧化铁，我们又称之为铁锈。现在，在一些古老的岩石上，你仍然可以看到一些红色的岩层，那就是氧化铁。

离奇的生命起源说法

关于地球上生命的起源，有许多不靠谱的说法。一些人（包括著名的科学家）提出，最初的生命形式是由外星人送到地球上的。还有些人则认为，它们是通过彗星或陨石到达地球的——这个想法可能不是那么牵强，因为一些陨石确实含有对生命至关重要的有机化学物质。

氧气含量增加

随后，氧气开始以气体的形式上升到大气中。但是一部分氧气会停留在三四十千米高的地方，形成一层薄薄的但又非常重要的大气，称为臭氧层。它能阻止来自太阳的强烈的紫外线伤害我们，为各类生命创造更适宜的生存条件。

113亿年

大爆炸后113亿年

- 大气中的氧气含量逐渐增加。
- 臭氧层正在形成——安心享受日光浴吧！

继续增加

大爆炸发生后113亿年左右，大气中的氧气占比只有0.1%，再过4亿年也才达到3%。随着氧气含量的增加，新的生命形式也会随之出现。但不要高兴得太早！在这个阶段，它们仍然是几乎看不见的单细胞细菌，并将在海洋中继续生存10亿年左右。

所以，你还是继续搅拌吧！

多细胞生物

大爆炸后127亿年左右，第一批肉眼可见的多细胞生物出现了。它们看起来有点像海藻或海绵。不久之后，又有一些柔软的生物出现了，它们有点类似于水母。

这一切比看起来更令人兴奋，因为你的地球有了第一个可以游来游去的、能够吃食物的、多细胞的生命形式。或者，我们可以直接称呼它们为动物。

它们是如何做到的？

地球上的单细胞生物是如何转变成拥有身体和眼睛的多细胞生物的呢？这个问题没有人能给出确切的答案。也许有些细胞在一起工作之后发现：组团作战比单打独斗更加有效。于是，它们相互击掌，说："我们再来一次吧！"然后，更多的细胞聚集在一起。大概就是这样吧！

127亿年

大爆炸后127亿年

- 氧气含量仍在持续增加。
- 你可以看到有一些生物在海洋中游动，好神奇啊！

化石

无论多细胞生物是如何形成的，我们都可以从化石中得知：多细胞生物大约在10亿年前就已经存在了。而在大约5.5亿年前，多细胞生物的数量突然猛增。其中有一种叫作三叶虫的生物，它们长着坚硬的外壳，看起来像土鳖虫，最小的只有几毫米，最大的有自行车车轮那么大。

三叶虫化石

警惕

如果一切按计划进行，你的海洋现在应该有不少生物了：水母、鱼类和水虫。不过，你必须密切关注周围的情况，因为只需要一座过度活跃的火山、一股可怕的寒流，或者一颗散落的陨石——哎呀!——你的地球上的大多数生物就可能会瞬间消失。在大约4.4亿年前，地球上近一半的生物突然消失了。最有可能的原因是一个寒冷冰期的突然袭击，同时又伴随着大规模的火山喷发导致情况更加恶劣。

恢复生机

如果你发现自己的地球正面临着一场生物大灭绝，请不要惊慌——这并不是世界末日(好吧……可能不是)。你要知道，生命是顽强的。这意味着它能在难以置信的地方生存下来，并不断寻找新的居住地。很快，生命就会再次遍布你的地球。

9

完成收尾工作

嗨，陆地

随着动植物的陆续出现，你需要确保地球具备适宜它们繁衍生息的条件。迟早有一天，一些生物会爬出黯淡无光的海洋，爬上干旱的陆地——在这里，它们会继续茁壮成长，生生不息。

准备好地球表面

为了得到最佳结果，你必须让地球表面有尽可能多的肥沃土壤。当然，侵蚀作用已经帮你创造了一些原始土壤。更妙的是，最早来到陆地的动植物将为你提供巨大的帮助。

它们来了

大约在4.4亿年前，第一批生物出现在陆地上，它们可能是藻类、微型螨虫和细菌。藻类会慢慢生长成微小的植物，它们虽然个头很小，但根可以穿透坚硬的岩石地面。

与此同时，螨虫和细菌也不会闲着，它们向土壤释放化学物质，使土壤被分解松散；然后将泥土和植物残渣嚼碎，再吐出来，并把它们运送到土壤深处；最终，它们将葬身于泥土。这样一来，你很快就会得到一堆植物非常喜欢的肥料了。

一切都变绿了

数百万年后，你会看到稍大点的绿色嫩芽从地里探出头来，长得遍地都是。一些植物会繁育出小小的种子，种子随风飘散到很远的地方。在之后的4000万年内，你可能会发现：有一些你认识的植物出现了，比如蕨类植物。

132.6亿年

大爆炸后132.6亿年

- 在大部分地区，气候十分舒适，空气十分湿润！
- 到处都是可爱的植物和小动物！

爬啊爬

与此同时，体型稍微大一些的动物将出现在陆地上，它们可能是千足虫、蜘蛛、一些像蜥蜴一样的两栖小动物，以及昆虫。这可真是个令人毛骨悚然的爬行动物世界啊！

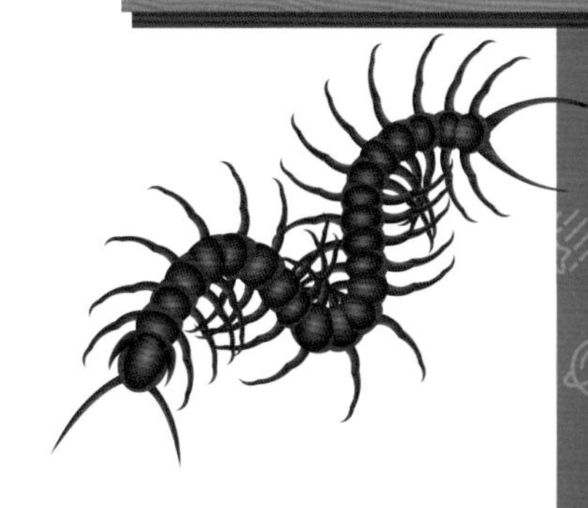

像蓝细菌一样，植物也会进行光合作用（吸收二氧化碳，释放氧气）。它们将制造出更多的氧气，帮助动植物茁壮成长。

巨型昆虫

在大约3.5亿年前，地球上的氧气含量达到最高值。这时候，地球上出现了长达2米的千足虫和翼展近1米的蜻蜓。你是不是很庆幸自己当时不在地球上？

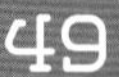

找到适宜的地方

再过1亿年左右，树木开始发芽，逐渐长成茂密的森林。一些两栖动物会进化成爬行动物，你的地球上将开始出现蜥蜴、鳄鱼，甚至可能还有恐龙。

随后，啮齿类动物、乌龟、螃蟹和鸟类将会出现，还有我们称为哺乳动物的毛茸茸的动物。很快，放眼望去，到处都是嗡嗡作响的、跳跃的、爬行的以及奔跑的生物。再来看看你的海洋，那里也将集合各种生物，呈现出生机勃勃的景象。

争夺地盘

动植物们会为了争夺食物和地盘而相互斗争、彼此排挤，甚至吃掉对方。有些物种将会灭绝，另一些则会继续存活下去。渐渐地，它们会在陆地、海洋、空中或地下找到适合自己的栖息地，也称生态位。最终，世界上的每个角落都将充满生机。

135亿年

大爆炸后135亿年

哇，草地、森林和动物都有了。太棒了！

不要再来了！

无论你采用什么方法，都阻挡不了意外的发生。在大约3.6亿年前，地球上发生了一次大规模的物种灭绝，导致1/3的生物灭绝；在大约2.5亿年前，又有超过95%的生物灭绝。大家最熟悉的应该是发生在大约6500万年前的生物灭绝事件，恐龙就是在此时消亡的。人们认为，当时有一颗巨大的陨石撞击了地球，使得包括恐龙在内的近一半物种灭绝。

为迟到者做好准备

在经历了近137亿年后，你的地球就差不多完工了。你觉得怎样？什么？好像缺了些东西？哦，对了。请等一下，他们在最后时刻赶来了。

等等我们！

在大约500万年前，非洲的某些类人猿开始用两条腿行走，而不是四条腿。在接下来的几百万年里，各种各样的原始人——我们最早的祖先出现了。但是，我们的同类——智人，直到19.5万～13万年前才在非洲出现，然后扩散到亚洲、澳洲和欧洲。1.1万年前，他们到达北美洲。

还有你！

至少在7.5万年前，人类就开始在洞穴墙壁上画画了（那时是可以随便涂画的）；大约1万年前，人类开始种植庄稼；大约8000年前，人类开始建造城市。接下来，他们开始用金属打造物品、参军打仗、建造房子、制造机器、上学读书。然后你出生了、长大了，今天早上你起床了，现在你正在这里阅读这本书。

136.95亿年

大爆炸后136.95亿年

- 类人猿出现了。
- 嘿，有些生物已经进化成用两条腿走路了！

一瞬间

这一切听起来有些匆促，不是吗？与你创造地球时所经历的其他阶段相比，人类的起源与发展似乎只是一瞬间的事。虽然人类已经存在了近20万年，但这只是地球存在时间中的很小部分。如果与宇宙的历史相比，嗯……恐怕就更微不足道了。

漫长的一年

想象一下宇宙的整个历史，如果我们把137亿年全部压缩成1年（找1本日历，它将在这里派上用场），那么每个月将代表十多亿年。因此，如果大爆炸发生在1月1日，那么第一批恒星和星系将在1月中旬出现。明白了吗？那么……

太阳系要到8月底才会形成，第一批产生氧气的生命形式要到9月底才会出现，动植物要到12月中旬才真正开始大规模繁衍。12月21日，第一批陆生动物出现。12月25日晚上，恐龙出现；而到了12月30日一大早，它们又灭绝了。

最后一夜

直到这一年的最后一天——12月31日的早晨，类人猿才会出现。直到这天晚上9点以后，它们才开始直立行走。

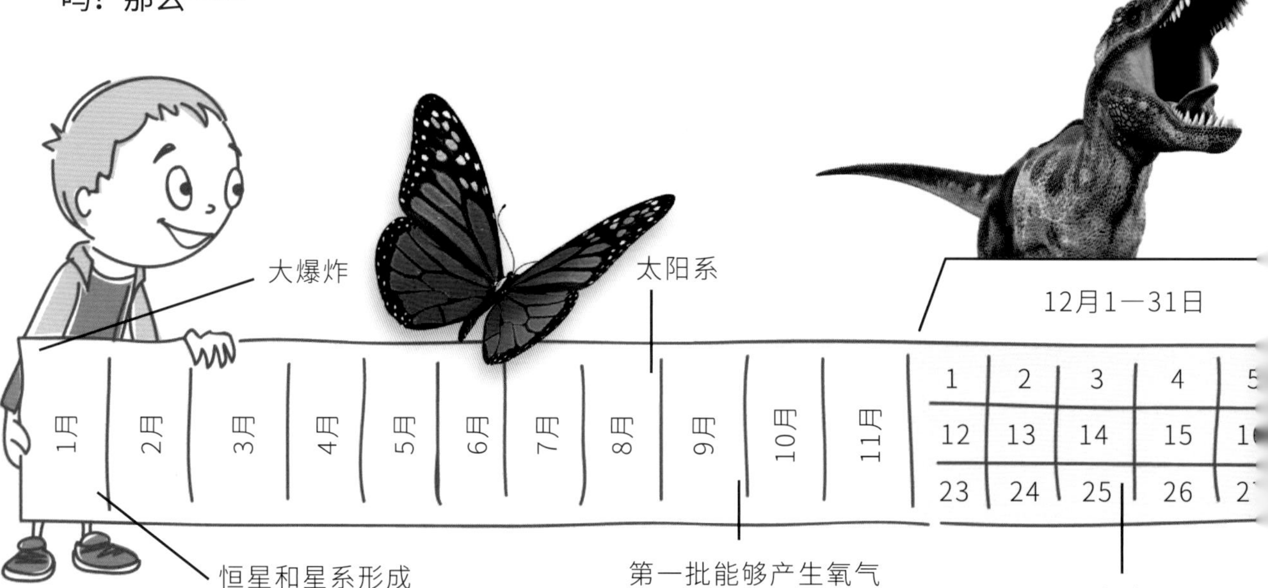

人类（智人），也就是我们，将在午夜前5分钟左右登场。但他们仍在1年中最后1天的最后1小时的最后1分钟的最后30秒内创造了灿烂的文明。按这个方式推算，克里斯托弗·哥伦布大约是在午夜钟声敲响的前一秒到达美洲的。

137亿年

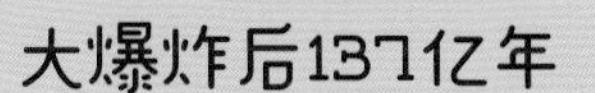

大爆炸后137亿年

- 你的地球创造计划终于完成了！
- 让我们欢呼吧！

环顾四周

不管怎样，你成功了，你来到了这儿。这才是最重要的，就像人们常说的，迟到总比不到好！现在你应该有了一个功能齐全的地球，这里有植物和动物、云朵和雨滴、各种体型和身材的人、狗和猫，烦人的小妹妹、疯狂的爸爸等。

如果你的地球还不能顺利运转，也不用担心，因为你早就拥有了一个神奇完美、运转正常的地球了。它就在那里，就在你的窗外。现在重新审视一下地球吧，它真的很棒！

10

爱护你的地球

哎呀！

创造地球真是个大工程，不是吗？除了需要一百多亿年的时间，巨大的力量，无尽的原料，精心的温度控制，细心的时间计算，大量的岩石、尘埃、水分、胶水、胶带，你还需要很好的运气。现在，你可以休息一会儿了。

想一想

想到自己付出了那么多时间和努力才造好地球，你一定想要好好地照顾它。毕竟，它和我们的存在一样，都是很神奇的。想象一下：如果没有最佳的位置、磁场、载满水的彗星、温室效应和臭氧层……也就不会有我们现在所生活的世界。

独一无二？

更重要的是，我们的附近并没有另外一个适宜人类生存的星球。当然，在宇宙的其他地方，可能会有和地球相似的行星；但到目前为止，我们还没有发现任何有生命迹象的行星。即使我们在太阳系之外找到了适合生存的行星，现在也无法到达那里。

吸取教训

请好好善待你的地球，至少你要比过去150多年内的人做得更好。在那段时间里，人类一直在制造垃圾、污染空气、砍伐森林、消耗大量的自然资源（如石油和煤炭等），这些行为甚至已经影响到了自然循环。

温度太高了！

例如，人造化学物质已经破坏了臭氧层，这种物质叫作氯氟碳化物，如果你觉得这个词太绕口，也可以叫它氟利昂。驾驶燃油汽车，工厂和发电站燃烧煤炭，这些活动都会提高大气中二氧化碳的含量，加剧温室效应（还记得吗，温室效应会使地球变暖）。如果全球变暖持续下去，宝贵的农田可能会干裂，冰盖会融化，海平面会随之上升。

悉心照料

所以，请为地球做一些力所能及的事情吧：看看如何才能节约能源、减少浪费；尽可能步行或骑自行车，减少汽车的使用次数；植树造林，保护野生动物，购买环保产品，保持环境整洁……学会爱护你所在地球上的每一片土地。

最后，也是最重要的，尽情享受地球吧！

令人惊叹的事实

我们的星球：地球
大致年龄：45.4亿年
赤道直径：12756千米
转轴倾角：23.5度
旋转时间：23小时56分
一年的长度：365.25天
卫星数量：1颗
大气层：氮气占78%，氧气占21%，水蒸气、氩气和二氧化碳等占1%
地壳的平均厚度：34千米
地表：海洋占70.8%，陆地占29.2%
最高点：珠穆朗玛峰，8848.86米
最深的海沟：马里亚纳海沟，最深处为海平面以下10928米

我们的卫星：月球
大致年龄：45.4亿年
直径：3476千米
大气层：无
距离地球的平均距离：38.4万千米

我们的恒星：太阳
大致年龄：47亿年
直径：139.2万千米
成分：氢占71%，氦占27%，其他占2%
距离地球的平均距离：1.5亿千米（1天文单位）

我们的行星系：太阳系
大致年龄：46亿年
直径：5万天文单位
行星数量：8颗
卫星数量：数百颗
小行星数量：数百万颗
彗星数量：数万亿颗
最大的行星：木星，直径是地球的11倍
最小的行星：水星，直径是地球的2/5
离地球最近的行星：金星，3800万千米（金星与地球的最近距离）
离地球最远的行星：海王星，45亿千米

我们的星系：银河系
大致年龄：104亿年
直径：10万光年
恒星数量：至少1000亿颗
离地球最近的恒星（除太阳外）：比邻星，4.22光年
最亮的恒星：天狼星，又叫犬星
最大的恒星：大犬座VY星，直径为太阳的2100倍

宇宙
大致年龄：137亿年
直径：至少900亿光年，可能无限大
星系数量：至少1250亿
目前观测到的最远的星系：距离地球132亿光年